Steffen Schulz

FEM bei Baugruppen

Eine Analyse von Schweißverbindungen bei Baugruppen

Bachelor + Master
Publishing

Schulz, Steffen: FEM bei Baugruppen: Eine Analyse von Schweißverbindungen bei Baugruppen, Hamburg, Diplomica Verlag GmbH 2013
Originaltitel der Abschlussarbeit: Dimensionierung eines Traggestells mittels FEM: Statische Berechnung im Rahmen einer Designneuentwicklung des Grundgerüstes eines medizinischen Rehabilitationsgerätes mit Implementierung einer linearen Führungseinrichtung

ISBN: 978-3-95549-047-8
Druck: Bachelor + Master Publishing, ein Imprint der Diplomica® Verlag GmbH, Hamburg, 2013
Zugl. Fachhochschule Brandenburg, Brandenburg, Deutschland, Bachelorarbeit, April 2012

Bibliografische Information der Deutschen Nationalbibliothek:
Die Deutsche Nationalbibliothek verzeichnet diese Publikation in der Deutschen Nationalbibliografie; detaillierte bibliografische Daten sind im Internet über http://dnb.d-nb.de abrufbar.

Die digitale Ausgabe (eBook-Ausgabe) dieses Titels trägt die ISBN 978-3-95549-547-3 und kann über den Handel oder den Verlag bezogen werden.

Inhaltsverzeichnis

Glossar

FEM	Finite Elemente Methode
GFK	Glasfaserverstärkter Kunststoff
CAD	Computer-aided design
STEP	CAD-Datenaustauschformat nach ISO 10303
Extrusion	Herausziehen aus einer Form
Adaptivitätseinheit	Tool zur automatischen Verbesserung einer Vernetzung
S235	Baustahl mit einer Streckgrenze von 235 N/mm²
S355	Baustahl mit einer Streckgrenze von 355 N/mm²
AlMgSi	Aluminiumlegierung (AW 6060) mit einer Streckgrenze von 195 N/mm²
AlMgSi 1	Aluminiumlegierung (AW 6082) mit einer Streckgrenze von 240 N/mm²

Abbildungsverzeichnis

Tabellenverzeichnis

Zusammenfassung

Die Arbeit beschäftigt sich mit der Neukonstruktion eines Gerüstes für ein medizinisches Produkt. Es wird ein funktionales Design entwickelt, das alle notwendigen technischen Normen erfüllt.

Die statische Auslegung und Optimierung erfolgt mit dem CAD- Programm CATIA V5.

Es werden dabei verschiedene Vorgehensweisen für die reale Umsetzung von Baugruppen erörtert. Ein Schwerpunkt liegt dabei in der Modellierung von Schweißnähten bei Variation der Vernetzungseigenschaften.

Zusätzlich wird eine neuartige lineare Führung konstruiert und in das Gerüst implementiert. Durch diese Führung soll ein verbesserter Komfort und eine leichtere Handhabung generiert werden.

1. Einleitung

Die hier vorgelegte Bachelorarbeit befasst sich mit einer Neukonstruktion und der rechnerischen Auslegung sowie der Optimierung eines medizinischen Gerätes.

Die Aufgabe dieser Arbeit soll die Erarbeitung eines neuen Designs für den Gangtrainer II sein. Zusätzlich soll eine neuartige funktionale Linearführung in das Gestell integriert werden.

Die Wisch Engineering GmbH produziert Sonderbauteile für Schienenfahrzeuge sowie Kofferraum- und Serviceklappen für den Fahrzeugbau.

Zusätzlich werden aufwendige Blechkonstruktionen, spezielle Rohrdrehmaschinen und unter anderem seit 1999 der Gangtrainer I (GT I) firmenintern entwickelt. In enger Zusammenarbeit mit der Vertriebsfirma Reha-Stim wurden schon mehr als 150 Stück weltweit verkauft.

Andere Gangtrainer von namhaften Konkurrenten werden auf sehr hohem Niveau entwickelt und erfüllen meistens die geforderten medizinischen Erwartungen. Sie besitzen oftmals eine sehr komplizierte Motorsteuerung und aufwendige Bedienelemente. Durch diese Funktionen generieren sie einen hohen Wartungsaufwand. Die Kosten für solche medizinischen Geräte belaufen sich meist auf mehr als 100.000 Euro.

Der Gangtrainer der Wisch Engineering GmbH (Abb.1) erfüllt im Vergleich zu den Wettbewerbern alle gewünschten Anforderungen, ist jedoch in den Anschaffungskosten weitaus günstiger. Durch diesen günstigen Preis bei einer guten Qualität erlangt die Wisch Engineering GmbH ein Quasi-Monopol auf dem Markt.

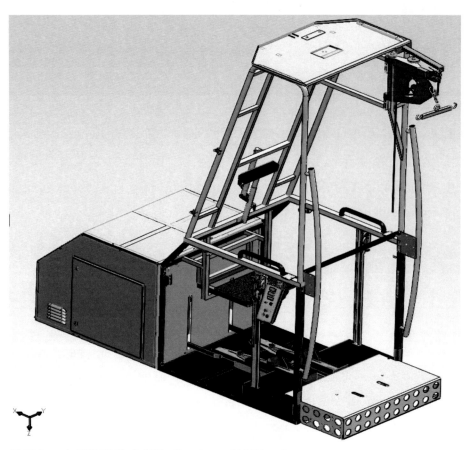

Abbildung 1: GT I 3D Modell (Quelle: eigene Abbildung)

Gangtrainer werden in der Medizin als Rehabilitationsgeräte verwendet. Die Patienten leiden oft an Rückenmarkverletzungen oder Schlaganfällen. Diese Krankheiten lösen in den meisten Fällen eine Gehbehinderung oder Gehunfähigkeit aus. Der Gangtrainer simuliert mit seinem Bewegungsablauf den Gang eines Menschen. Durch eine Stimulation im Gehirn erlernt der Patient so nach und nach das Laufen wieder. Der Nutzen solcher Geräte ist seit Jahren in medizinische Studien nachgewiesen.

Gangtrainer werden in den verschiedensten Formen und Ausführungen hergestellt. Es gibt beispielsweise Gangtrainer, die zusätzlich zum normalen Gehen einen Treppengang simulieren können. Andere funktionieren mit Hilfe eines Laufbandes und verzichten völlig auf eine Fußführung. Grundlegend unterscheiden sich die Gangtrainer in ihrem medizinischen Ansatz. Einige Firmen bevorzugen den Exoskelettansatz, die Wisch Engineering GmbH arbeitet beim GT I mit dem Endeffektoransatz. Der Unterschied beider Ansatzsysteme erklärt sich wie folgt:

2

„Im ersteren Fall trägt der Patient eine Art Ritterrüstung, deren externe Gelenke mit Antrieben ausgestattet sind, so dass die Hüft- und Kniegelenke aktiv in der Schwungbeinphase gebeugt werden. Dieser Ansatz ist technisch anspruchsvoll, bietet aber den Nachteil, dass eine komplexe Bewegung wie z.B. die des Kniegelenks nur eindimensional geführt wird. In der Konsequenz ergeben sich nach wissenschaftlichen Untersuchungen falsche Aktivierungsmuster der Beinmuskeln, und wohl dadurch bedingt keine eindeutige Überlegenheit des Ansatzes in kontrollierten Studien. Der Endeffektoransatz dagegen bedeutet, dass der Patient auf zwei Fußplatten steht, deren Bewegung die Stand- und Schwungbeinphase simuliert. Die Hüft- und Kniegelenke folgen der Bewegung der Füße."[1]

---

1   Dr. Brandl-Hesse, Beate (2011): *varia.doc, Reha-Stim*

2. Aufgabenstellung

Die Vertriebsfirma Reha-Stim möchte eine Überarbeitung des derzeit bestehenden Gangtrainers I. Im Vordergrund steht die Erarbeitung eines neueren Designs. Der weiterentwickelte Gangtrainer soll dem derzeitigen medizinischen Gerätestandard entsprechen und leicht bedienbar sein. Gegebene Maße, die aus dem alten Gangtrainergerüst resultieren, dürfen nur geringfügig geändert werden. Die Gangsimulation soll mit der Mechanik des ersten Modells realisiert werden. Für eine gute Handhabung und Funktionalität sollen andere Anwendungen so gut wie möglich übernommen oder weiterentwickelt werden.

Durch die zusätzliche Implementierung neuer elektronischer Bauelemente entstehen vermutlich weitere Kosten.

Zur Sicherstellung einer insgesamt wirtschaftlichen Lösung müssen im Rahmen der Neukonstruktion die Fertigungs- und Materialkosten gesenkt werden. Ein großes Einsparungspotenzial liegt in der Bearbeitungszeit des Materials und der Montagezeit.

Der Klappmechanismus, welcher benutzt wird, um den Patienten auf die Fußpedale zu stellen, soll durch eine Linearführung ersetzt werden. Der vorhandene Flaschenzug soll beibehalten werden.

Für die Problemlösung werden folgende Arbeitsschritte ausgeführt:

- ➢ Problemanalyse (Ist-Situation)
- ➢ Klärung der Randbedingungen für das neue Modell
- ➢ Entwicklung eines neuen Designs
- ➢ Überprüfung des Designs auf die technische Machbarkeit
- ➢ Erfüllung der Kriterien gemäß Lastenheft
- ➢ Nachweis der Statik und mechanischen Umsetzung
- ➢ Bewertung der Lösung unter Berücksichtigung wirtschaftlicher, technischer und berechnungsspezifischer Aspekte

3. Grundlagen

Der Gangtrainer I basiert auf einem Baukastenprinzip und besteht aus drei Teilen:

- Antriebsgehäuse
- Untergestell
- Obergestell

Das Antriebsgehäuse enthält die gesamte elektronische Steuereinheit. Diese ist in einem kleinen Schaltschrank untergebracht. Zusätzlich zur Steuereinheit findet die gesamte Mechanik des Gangtrainers im Antriebsgehäuse Platz. Sie funktioniert über eine gut aufeinander abgestimmte und robuste Mechanik, welche von einem Elektromotor angetrieben wird. Die Gangsimulation erfolgt über eine Getriebemechanik im hinteren Bereich. Sie steuert sowohl die Schrittgeschwindigkeit und Gangentlastung als auch die seitliche Hüftführung für den Patienten. Die Gangentlastung wird durch einen Exzenter im Motorbereich hergestellt. Durch mehrere Umlenkrollen kommt die Bewegung am Gurt als geringe Auf- und Abbewegung an. Sie ist nach dem Gangablauf eine der wichtigsten Funktionen am Gangtrainer.

Das Untergestell ist ein einfaches Gerüst, welches aus Vierkantprofilen zusammen-geschweißt wird. Die Geschwindigkeitssteuerung für den Gangablauf erfolgt über ein schwenkbares Bedienelement. Am Einstieg des Gerüstes sind Griffstangen zum Festhalten montiert. Zusätzlich kann vor dem Patienten eine weitere Griffstange befestigt werden. Im unteren Bereich des Gestells finden zwei Fußpedale ihren Platz. In ihnen wird der Patient mit den Füßen fixiert damit der Gangablauf durchgeführt werden kann.

Das Obergestell ist wie das Untergestell aus Profilen zusammengeschweißt.

Die Patientenbeförderung erfolgt über einen Kragarm. An ihm hängt ein Flaschenzug, der es ermöglicht, die Befestigungsgurte in der Höhe zu verstellen. In der Mitte befinden sich eine Gesäßstütze und ein Klappsitz.

Alle drei Baugruppen werden mit Schrauben und Stiften fest miteinander verbunden.

3.1 Handhabung

Die Vorteile des Gangtrainers finden sich maßgeblich in seiner Funktionalität, welche auf der einfachen Konstruktion beruht. Er ist sehr einfach bedienbar und benötigt somit keine aufwendigen Einweisungen. Auch der Wartungsaufwand hält sich durch die robuste Verarbeitung in Grenzen. Diese einfache Konstruktion lässt zudem noch einen niedrigen

Herstellungspreis zu. Diese Vorteile soll der neue Gangtrainer fortführen.

Schwierigkeiten gibt es beim Einfahren des Patienten in den Gangtrainer. Dies erfolgt sehr nahe am Gerüst. Oftmals musste der Gurt sehr weit weg gezogen werden, da der Kragarm kaum über einen herangefahrenen Rollstuhl reicht. In der Hubphase musste der Patient vom Pflegepersonal geführt werden. Ohne Führung würde er gegen das Außengerüst geraten. Diese Problematik soll künftig durch eine lineare Führungs-einrichtung beseitigt werden. Eine einfachere Führung wird es dem Personal ermöglichen, mit geringem Kraftaufwand den Patienten in den Gangtrainer hinein zu befördern. Auch der Bereich, aus dem der Patient aufgenommen wird, vergrößert sich wesentlich.

Weitere Probleme bestehen bei den Fußaufnahmen und dem Podest. Sie sind sehr unförmig und bieten geringe Möglichkeiten zur Einstellung. Das Podest, welches sich vor dem Gangtrainer befindet, wurde oft vom bedienenden Personal nicht oder falsch benutzt.

Des Weiteren werden für den Aufbau des Gangtrainers vier Personen benötigt. Kompliziert ist dabei das Hochheben des Obergestells auf das Untergestell. Durch das Gewicht dieser Baugruppe kommt es oftmals zu Komplikationen beim Aufbau.

Technische Daten zum Gangtrainer I:

Abmaß:

- Höhe: 2830 mm
- Breite: 950 mm
- Tiefe: 2550 mm
- maximaler Überhang nach vorn: 369 mm

Gesamtgewicht: 409 kg

Anschluss: 230 VAC, 50 Hz, 10 A

Antriebsleistung: 750 W

3.2 Normen

Für die Entwicklung von neuen Geräten müssen in der EU klare Richtlinien und Vorschriften eingehalten werden. Für den Gangtrainer I werden diese Normen bei der Produktion eingehalten. Bei jeder Fertigstellung ist ein Prüfprotokoll anzufertigen. Danach wird eine Funktionsprüfung des gesamten Gerätes durchgeführt. Diese Normen gelten analog für den neuen GT II und müssen bedingungslos beibehalten werden.

Folgende zusätzliche Normen sind bei der Entwicklung des Gangtrainers II noch einzuhalten:

Maschinenrichtlinie 2006/42/EG

> regelt die Bereitstellung von Produkten auf dem europäischen Markt.

Medizinrichtlinie 93/42/EWG

> eines der wichtigsten Regelungsinstrumente für die Sicherheit von Medizinprodukten.

DIN EN 980 (wurde beim GT I schon verwendet)

> regelt Symbole zur Kennzeichnung von Medizinprodukten

DIN EN 1041(wurde beim GT I schon verwendet)

> regelt Bereitstellung von Informationen durch den Hersteller von Medizinprodukten

DIN EN 62353

> Prüfungen von medizinischen elektrischen Geräten oder medizinischen elektrischen Systemen oder von Teilen derartiger Geräte oder Systeme

DIN EN 62366

> Anwendung der Gebrauchstauglichkeit auf Medizinprodukte

DIN EN ISO 13485

> ähnlich wie die ISO 9001; bezieht sich auf das Qualitätsmanagement

DIN EN ISO 14971

> regelt die Anwendung des Risikomanagements auf Medizinprodukte

Zusätzlich zu den technischen Normen sind weitere allgemeine Normen bei der Konstruktion zu beachten.

Aus der DIN 33402 für Körpergrößen geht hervor, dass der durchschnittliche deutsche Mann eine Körpergröße von 1733 mm hat[2]. Die Schulterbreite beträgt 398 mm. Die durchschnittliche deutsche Frau ist dagegen nur 1619 mm groß. Die Sitz- und Griffhöhen für die Patienten ergeben sich wie auch die Körpergrößen aus der DIN 33402 und sind für die weitere Konstruktion wichtiger Anbauteile zu beachten.

---

[2] Univ.-Prof. Dr.-Ing. Dipl.-Wirt.-Ing Schlick, Cristopher (2011): *Einführung in die Arbeitswissenschaft,* http://www.iaw.rwth-aachen.de/files/awi_le10_ss2011_folien+notizen.pdf

Durch Gespräche mit den Therapeuten ergibt sich, dass die Bauhöhe des neuen Gangtrainers keinesfalls höher oder die Breite schmaler als die des alten Gangtrainers werden sollte[3]. Das Gestell wird nicht höher als der alte Gangtrainer geplant (2800 mm), da eine Norm für Deckenhöhen nicht bekannt ist.

Der Überhang nach vorn wird von den gängigen Rollstuhlmaßen bestimmt[4]. Ein Rollstuhl ist durchschnittlich 1150 mm lang und 720 mm breit. Da der Patient in der Mitte des Rollstuhls sitzt, ergibt sich ein Überhang von mindestens 575 mm für das Gangtrainergerüst.

Für den Transport des Gangtrainers ist es erforderlich, gegebene Türmaße nicht zu überschreiten. In der Regel beträgt die Breite für genormte Türen 900 mm [5]. Krankenhaustüren dagegen müssen mindestens 1250 mm breit sein. Unabhängig davon werden alle Baugruppen des Gangtrainergerüstes so konstruiert, dass sie durch eine genormte Tür passen. Der Gangtrainer wird nicht nur in Krankenhäusern, sondern auch in nicht medizinischen Räumen benutzt. Die maximale Konstruktionsbreite von 900 mm ist daher zwingend einzuhalten.

Für den elektronischen Teil und die Steuerung des Gangtrainers müssen EU weit folgende Normen eingehalten werden:

> ➢ DIN EN 60601
> ➢ DIN EN 62304

Da der Gangtrainer auch in den USA vertrieben wird, sollen zusätzliche amerikanische Normen erfüllt werden. Dies betrifft im Allgemeinen die ANSI/AAMI HE48 und die ANSI/AAMI HE75[6].

---

3   Gesprächsnotiz von einem persönlichen Besuch im Medical Park Berlin Humboldtmühle
4   http://nullbarriere.de/rullstuhl.htm (eingesehen am 15.2.2012)
5   http://www.bsth.de/in/sites/BbgKPBauV-SynopseundBegruendung.pdf (eingesehen am 15.2.2012)
6   http://use-lab.com (eingesehen am 15.2.2012)

4. Konzeptdesign für den GT II

Das Design soll aus zwei grundlegend unterschiedlichen Modellen erarbeitet werden, zum einen aus Rechteckprofilen und zum anderen aus Rohren (vgl. Abb. 2).

Die Getriebe- und Steuereinheit, welche den Gangablauf simuliert, wird von dem alten Gangtrainer I übernommen. Ausschließlich die Bauweise wird aufgrund der Platzverhältnisse verändert. Einige Baugruppe erhalten einen besseren Platz. Somit wird Bauraum gespart und Abstände optimiert.

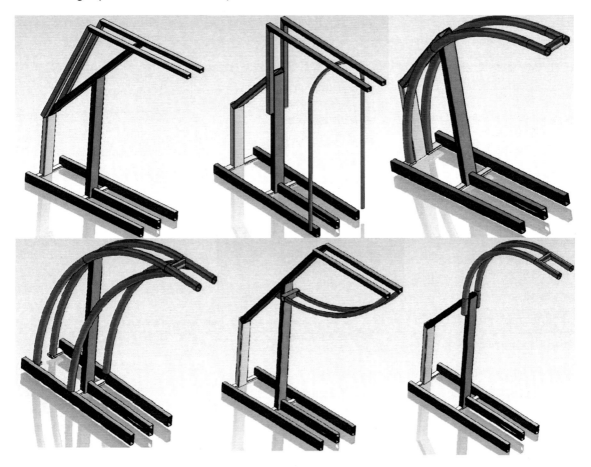

Abbildung 2: Entwürfe aus der Konzeptphase (Quelle: eigene Abbildung)

Das Unterteil soll aufgrund der Mechanik für alle Modelle gleich bleiben.

Um einen besseren Überblick zu behalten, wird eine Entscheidungstabelle (siehe Anhang Tab. 3) benutzt. Die Bewertung erfolgt nach dem Schulnotensystem. Bei der Bewertung wird eine zusätzliche Gewichtung dem Design und der Stabilität zugeordnet.

Im Ergebnis erwies sich die Variante mit Rechteckprofilen als funktional. Sie bringt eine bessere Trennbarkeit mit sich und lässt sich leichter verarbeiten. Da aber das Design als ausschlaggebendes Kriterium gilt, werden andere Entwürfe bevorzugt.

Als Favoriten ergeben sich die Entwürfe oben rechts und unten links in der Abbildung 2. Um eine bessere Statik zu generieren, erhalten diese Entwürfe an ihrem Ausleger Stangen zur Stabilisierung. Ohne diese Stabilisierung muss die Wandstärke der Rohre enorm erhöht werden. Dies führt zu einem höheren Preis und zu einer ungewollten Gewichtssteigerung der Bauteile.

4.1 Variantenuntersuchung

Bei der Designevaluierung gibt es folgende Probleme zu lösen:

Zu finden ist eine Lösung mit einem ansprechenden Design, einer guten Funktionalität und einer gleichzeitigen Gewährleistung wirtschaftlich niedriger Herstellungskosten. Zudem dürfen die gegebenen Baugrößen (Türmaße, Raumhöhe) nicht überschritten werden. Außerdem soll die Konstruktion in mehreren Bauteilen lieferbar sein, d. h. es müssen zusätzliche Trennmechanismen eingeplant werden.

Durch das ansprechende Aussehen wird von der Vertriebsfirma eine gemischte Form mit Rohren und Rechteckprofilen favorisiert.

Die Rechteckprofile dienen dabei als Standelement für den neuen Gangtrainer. Ein zusätzliches Element wird in der Mitte hochkant angeschraubt. Es bietet hervorragende Möglichkeiten, eine weitere Linearführung für einen höhenverstellbaren Sitz zu befestigen (vgl. Abb. 3).

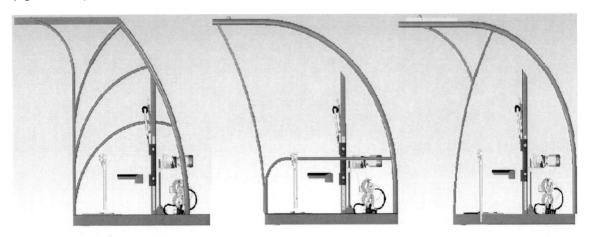

Abbildung 3: Designentwürfe(Quelle: eigene Abbildung)

10

Die Weiterentwicklung der ersten Entwürfe bringt immer komplexere Formen mit sich. Durch die Anbringung der seitlichen Griffstangen lassen sich sehr abstrakte Formen herstellen. Die Biegungen der tragenden Elemente erfordern für die Statik einen größeren Querschnitt oder eine dickere Wandstärke für die Rohre. Dies führt im Gesamten betrachtet zu einem höheren Gewicht.

4.2 Vorzugsvariante

Nach Abwägung aller Vor- und Nachteile wird das Design gemäß Abbildung 4 als Vorzugs- variante vorgeschlagen.

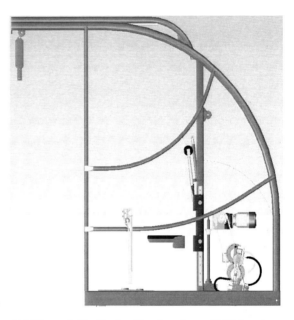

Die Variante vereint ein modernes Design mit der Funktionalität des alten Gangtrainers. Durch die Rohrbögen wird die harte eckige Form aufgelöst. Ein größerer Überhang wird durch den weiten Ausleger erreicht. Die Linearführung kann gut im oberen Bereich konstruktiv untergebracht werden. Außerdem bietet das Design genügend Platz für die Unterbringung der Getriebe- und Steuer- einheit. Durch die in der Mitte stehende Säule

Abbildung 4: Enddesign(Quelle: eigene Abbildung)

lassen sich eine höhenverstellbare Gesäßstütze sowie ein Klappsitz unterbringen.

Nach dem endgültigen Entschluss zu dem Design muss die Konstruktion aus einer fertigungstechnischen Perspektive überprüft werden. Dabei stehen die Funktionalität und Trennbarkeit im Vordergrund. Es wird dabei beachtet, dass eine einfache Montage ohne zusätzliche Hilfsmittel möglich ist.

4.3 Technische Ausführung

Das Gerüst wird in fünf voneinander trennbare Baugruppen unterteilt:

- ➢ Unterteil
- ➢ Oberteil
- ➢ Mittelsäule
- ➢ Rohrbogen
- ➢ Griffstangen (6 Stk.)

Als Basis für den Gangtrainer dient das Unterteil. Die Baugruppe besteht aus insgesamt 3 Rechteckprofilen (140 mm x 70 mm). Sie bietet gute Stabilität und stellt die Hauptauflagefläche für das Gerüst dar. Die Profile haben jeweils einen Abstand von 415 mm voneinander. An ihnen werden die Mittelsäule, Griffstangen und Rohrbögen angeschraubt.

Die Rohrbögen werden am hinteren Ende des Unterteils mit einem Flansch angebracht und sind mit einem Querschnitt von 76 mm geplant. Der Rohrquerschnitt ergibt sich aus der DIN 2448 Reihe 1 für Stahlrohre[7]. Der Flansch ist mit einem Langloch versehen, damit die Bögen in z-Richtung noch verschiebbar sind. Diese Option muss gegeben sein, da es nicht möglich ist, die Rohrbögen exakt wie in dem 3D Modell herzustellen und nach den geplanten Winkeln zu biegen.

Die Mittelsäule stellt die Verbindung zwischen Ober- und Unterteil her. Sie wird in der Mitte mit zwei Bolzen verschraubt und an den Seiten mit Winkeln am Unterteil befestigt. Zusätzlich verbindet sie die Rohrbögen mit Hilfe von Rohradaptern mit dem Oberteil. Der Hauptkörper der Mittelsäule besteht aus einem Rechteckprofil (180 mm x 80 mm). An ihm sind zwei Standfüße und oben ein weiteres Profil angeschweißt. Das obere Profil bietet Anbindungsmöglichkeiten für die Rohradapter und einen Flansch vom Oberteil.

Das Oberteil besteht aus zusammengeschweißten Rohren. Durch den Schweißingenieur wurde eine Schweißnahtdicke von 3 mm festgelegt. Für das Zusammenschweißen von zwei Rohren aus dem Werkstoff S235 wird als Schweißmaterial W3Si1 benutzt[8].

Ein mittig angebrachtes Führungsrohr mit dem Durchmesser 60,3 mm bildet die Anschlussmöglichkeit für eine Linearführung. Zur Verstärkung werden vier Rohre, mit einem geplanten Querschnitt von 42,4 mm senkrecht zu den äußeren Rohrbögen eingesetzt. An der Front befindet sich ein Abdeckblech, welches ggf. mit einem Schriftzug belegt werden kann. Die Griffstangen werden am Ende der Rechteckprofile vom Unterteil eingeschoben. Zur weiteren Befestigung werden sie mit einem Abdeckblech verschraubt. Am oberen Ende werden die Stangen mit einem Verbindungsteil eingespannt. Die seitlichen Griffstangen werden mit T-Verbindern an den vorderen Griffstangen befestigt. Sie sind durch diese Anbindung in der Höhe variabel.

Die Verbindung zwischen den hinteren Rohrbögen und dem Oberteil erfordert viel Aufmerksamkeit. Da durch den Fertigungsprozess eine Herstellung ohne Toleranzen sehr schwierig oder sogar unmöglich ist, muss eine Abweichung konstruktiv abgefangen werden. Unbedingt notwendig für die Verbindung ist ein gerader Abschluss an beiden zueinander stehenden Enden der Rohre, damit der Mechanismus überhaupt funktioniert.

---

7   [KK]
8   www.boehler-welding.com (eingesehen am 8.2.2012)

Die Verbindung der beiden Rohre erfolgt mit einem Dorn, der an den Rohren des Oberteils fest geschweißt wird. Am oberen Ende der hinteren Rohre wird im Inneren eine Hülse verbaut. Diese werden bei der Montage einfach ineinander gesteckt und stellen somit eine feste Verbindung dar. Die Verbindung zur Mittelsäule erfolgt über ein abgekantetes Blech. Dieses ist zusätzlich in der Höhe (y-Achse) verschiebbar. Durch die Variabilität der beiden Baugruppen in z-Richtung kann das Gerüst bei Abweichungen, die durch den Fertigungsprozess entstanden sind, montiert werden.

4.4 Prüfung nach Lastenheft

Im nachfolgenden Abschnitt werden Problemlösungen erörtert und dargestellt, ob die Forderungen des Lastenheftes erfüllt werden.

Wichtig bei der konstruktiven Lösung ist es darauf zu achten, dass sie alle geforderten Punkte des Lastenheftes sicherstellt. Im weiteren Verlauf wird auf wesentliche Fragen geantwortet, die sich aus dem Lastenheft ergeben haben

Ist das Gerüst (konstruktiv gesehen) stabil?

Das Gerüst ist als Ganzes gesehen stabil. Aus statischer Sicht wird sich die Verbindung zwischen Oberteil und vorderen Griffstangen als kritisch erweisen. An dem Verbindungs-punkt wird auf einer kleinen Fläche eine große Druck- und Zugspannung herrschen. Es wird wahrscheinlich der Ort der höchsten Spannung und Momente sein. Nähere Erkenntnisse wird die Berechnung mit der FEM zeigen. Die Momente entstehen durch den Hebel um den Drehpunkt der Verbindung zwischen den vorderen Griffstangen und dem Oberteil.

Als erste Möglichkeit wird eine Verbindungsoption mit einem Schweißteil erarbeitet. Es soll am Rohr angeschweißt werden, damit die Griffstange von unten hinein geschoben werden kann.

Die Herstellung des Bauteils ist einfach und spart Zeit beim Aufbau des Gerüstes. Der Nachteil dieser Konstruktion ist ihre Anfälligkeit bei Bewegung. Außerdem wird durch den Schweißprozess zu viel Wärme in das Rohr eingeleitet. Diese Tatsache führt zu einem Stabilitätsverlust innerhalb des Rohres.

Als zweite Option wird ein Frästeil konstruiert. Es besteht aus zwei Teilen und basiert auf einem Klemmmechanismus. Dieser spannt die Rohre ein und überträgt die entstehenden Spannungen. Es ist definitiv schwieriger in der Herstellung und kostet durch die

Bearbeitung an der Fräsmaschine mehr als die Schweißvariante. Durch seine extreme Stabilität und einfache Handhabung ist es jedoch gut für diese Funktion geeignet.

Um mehr Platz für die Befestigung des Bauteils zu haben, wird das Dach überarbeitet. Durch die Absenkung der seitlichen Rohre wird mehr Arbeitsraum an der oberen Baugruppe geschaffen. Zudem verbessert sich durch die Absenkung die Statik.

Besitzt das neue Gerüst ein deutlich neues Design?

Das Design des neuen Gerüstes unterscheidet sich deutlich von dem des alten Gangtrainers. Durch die Rundungen wirkt der Gangtrainer gefälliger und nicht mehr so kantig. Die eckigen Formen des alten Gerüstes sind nicht mehr zu erkennen. Die Motorverkleidung wird aus GFK der Optik der hinteren Rundbögen angepasst.

Ist eine Trennbarkeit erreicht?

Eine Trennbarkeit wird durch Schraub-, Flansch- und Steckverbindungen ermöglicht.

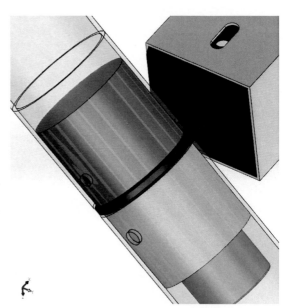

Die Trennung der hinteren Rohrbögen zum Oberteil wird mittels eines Dorns realisiert (vgl. Abb. 5). Dieser wird in den Rohrenden des Oberteils fest verschweißt. Die dazu passende Hülse wird im oberen Ende der hinteren Rohrbögen eingepasst. Da ausschließlich Lasten nach unten abgefangen werden sollen, sorgt diese Verbindung zusätzlich für Stabilität im Gerüst. Die Verbindung zur Mittelsäule wird durch ein Adapterblech geschaffen. Es wird um 45° zur Mittelsäule am Dorn angebracht.

Abbildung 5: Rohrverbindung (Quelle: eigene Abbildung)

Die Montage der hinteren Rohrbögen erleichtert ein Flansch, der an ihnen angebracht ist.

Dadurch dass das Frästeil am Oberteil erst später am Bauteil fixiert wird, ist auch dort eine Einstellmöglichkeit hinsichtlich der Verschiebbarkeit gegeben. Der Flansch, der das Oberteil mit der Mittelsäule verbindet, lässt diese Verschiebung ebenso zu.

Ist die variable Justierung der seitlichen Griffstangen gegeben?

Die variable Justierung der seitlichen Griffstangen wird als besonderer Wunsch der Patienten und des Pflegepersonals geäußert[9]. Dabei besteht die Herausforderung darin, dass sie für mehrere Positionen angebracht werden soll. Es sind verschiedene Höhen für die Haltegriffe zu realisieren. Diese Erkenntnis geht aus Gesprächen mit den Patienten hervor. Sie äußerten den Wunsch, sich an verschiedenen Punkten festzuhalten. Zusätzlich soll nach dem Einstieg in das Gerät eine Griffstange vor dem Patienten angebracht werden, damit er Halt nach vorn findet. Für höhenverstellbare Griffstangen werden T-Verbindungsstücke benutzt. Sie finden sich in öffentlichen Verkehrsmitteln wie Bus und Bahn. Im Einkauf sind sie preiswert und für genormte Griffstangendurchmesser zu bekommen.

Bietet das Gerüst Anschlussmöglichkeiten für elektrische Anlagen?

Kabel für die Steuerung können in den Rechteckprofilen des Unterteils verlegt werden. An der Seite werden Seilführungen angebracht, die eine Kabelführung zur Steuereinheit ermöglichen. Eine zusätzliche Option bieten die Griffstangen. Es ist möglich, Geräte für die Visualisierung an ihnen anzubringen.

---

[9] Gesprächsnotiz von einem persönlichen Besuch im Medical Park Berlin Humboldtmühle

5. Bemessung der technischen Ausführung

Auf der Basis des neu entwickelten Designs erfolgt die Bemessung der Wandstärke der Rohre. Zusätzlich werden Kippsicherheit und Verformung geprüft und beurteilt.

Das neue Design des Gangtrainers wird unter der Maßgabe einer Verbesserung der Optik entwickelt. Dieses wird durch die Rundungen erreicht. Sie machen das gesamte Konzept gefälliger und moderner.

Statisch erweisen sich jedoch vorgebogene Rohre als ungünstig für die Stabilität des gesamten Gerüstes.

Es wird durch die Biegung instabil und muss unbedingt abgestützt werden. Das Gewicht des Patienten ist über senkrecht angebrachte Haltestangen, die gleichzeitig als Griffstangen benutzt werden können, abzufangen.

Die Last des Patienten geht mit einem Sicherheitsfaktor von 1,5 in die Berechnung ein. Bei einem maximal zulässigen Gewicht eines Patienten von 150 kg ergibt sich durch den Sicherheitsfaktor eine Belastung von 225 kg. Multipliziert mit der Erdbeschleunigung (9,81 m/s²) entspricht dies einer Kraft von 2250 N.

Für die Statik des Gerüstes werden zwei Belastungsfälle betrachtet.

Der erste Fall simuliert die Patientenaufnahme im vorderen Bereich des Gangtrainer-gerüsts. Im zweiten Fall findet die Belastung im Innern des Gangtrainers statt. Diese Situation stellt den Fall der Endposition dar.

Die Modellierung der Bauteile erfolgt mit Solid Works 2011. Alle Berechnungen sowie die Vernetzung werden mit dem CAD Programm CATIA V5R18 durchgeführt.

Bei der Übertragung der CAD Daten wird das STEP AP214 Format benutzt. Dieses Format ermöglicht es, Dateien von verschiedenen CAD Programmen miteinander kompatibel zu machen.

5.1 Statik/ Kippsicherheit

Die Kippsicherheit untersucht ein Bauelement auf seinen Widerstand hin, sich zu einer definierten Außenkante zu neigen[10]. In der Architektur wird dies als Standsicher-heitsnachweis geführt. Es geht dabei darum, den Quotienten aus der jeweiligen Summe der haltenden und treibenden Drehmomente zu ermitteln.

---

10   [HA]

$$\eta = \frac{\Sigma\, M_{wid}}{\Sigma\, M_{tre}}$$

η: Kippsicherheitsfaktor

M_{wid}: widerstehende Momente

M_{tre}: treibende Momente

Im Ergebnis ergibt sich der Kippsicherheitsfaktor. Dieser kann in Baunormen nachgelesen werden und unterscheidet sich in Hinblick auf die Festigkeit eines Bauwerkes (EN 12811 Gerüst; DIN18800 Stahlbauten)[11].

Am Beispiel des neuen Gangtrainergerüstes sind vier äußere Kippkanten vorhanden. Der Gangtrainer ist vereinfacht als starres Gestell abgebildet.

Für die Berechnung der Kippsicherheit wird der Lastfall herangezogen, bei dem der Patient am äußersten Punkt des Gerüstes mit dem Gurt angehängt wird (Abb. 6). Die Kraft resultiert dabei aus dem maximalen Gewicht multipliziert mit dem Sicherheitsfaktor. Somit kommt eine Kraft (Fl) von 2250 N am äußeren linken Punkt des Tragbalkens zustande.

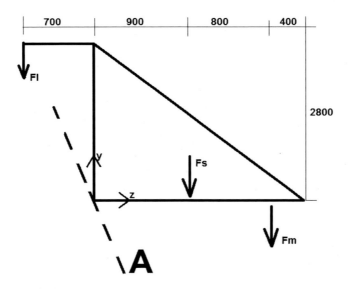

Abbildung 6: Prinzipskizze Lastfall (Quelle: eigene Abbildung)

11 http://www.din-bauportal.de/Artikel.php?mid=9&aid=3197 (eingesehen am 15.2.2012)

Mit der Vereinbarung des Materials (unlegierter Baustahl) errechnet Solid Works ein Gewicht für das gesamte Gerüst von 200 kg (Fs). Dieses Gewicht umfasst nur die tragenden Elemente. Kleinteile wie Verbindungsstücke, Schrauben oder auch Anbaustücke werden hierbei nicht berücksichtigt. Der Schwerpunkt wird von Solid Works ermittelt. Das Basiskoordinatensystem befindet sich dabei an der Kippkante A. Der Schwerpunkt liegt 899,98 mm auf der z-Achse vom Kipppunkt entfernt.

Das Motorgewicht des alten Gangtrainers beträgt ca. 220 kg (Fm). Da es rückwärtig am Gangtrainergerüst befestigt werden soll, wird sein Schwerpunkt in der Mitte des hinteren Drittels festgesetzt. Somit liegt er 1700 mm vom Drehpunkt entfernt.

Es errechnet sich der Kippsicherheitsfaktor

$$\eta = \frac{2000\ N \cdot 0,9\ m + 2200\ N \cdot 1,7\ m}{2250\ N \cdot 0,7\ m} = \frac{5540\ Nm}{1575\ Nm} \approx 3,5$$

Es ist zu erkennen, dass die widerstehenden Momente um den Kipppunkt viel größer sind als die treibenden Momente. Ausgehend von einem erforderlichen Sicherheitsfaktor von 1,5 ist damit die Kippsicherheit für das Gerüst gegeben. Das Gangtrainergerüst wird für den ersten Lastfall nicht nach vorn kippen.

Für das Kippen zur Seite wird anhand des Sicherheitsfaktors die Kraft errechnet, die am Gerüst von außen ziehen darf. Das Gerüst hat eine Breite von 1040 mm Die äußere Kippkante liegt somit 520 mm vom Schwerpunkt entfernt:

$$\eta = \frac{2000\ N \cdot 0,52\ m + 2200\ N \cdot 0,52\ m}{520\ N \cdot 2,8\ m} = \frac{2184\ Nm}{1456\ Nm} \approx 1,5$$

Für den ermittelten Sicherheitsfaktor von 1,5 ergibt sich eine Kraft von ca. 520 N an einem Angriffspunkt, welcher 2800 mm hoch liegt. Wenn die Kraft am Angriffspunkt höher als 520 N ist, kann das Gerüst umkippen.

Berechnung eines Extremfalls:

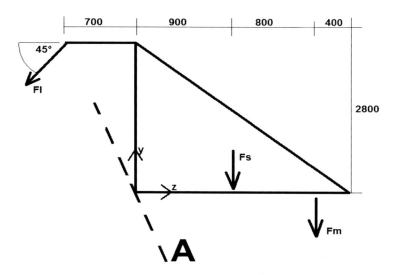

Abbildung 7: Prinzipskizze Extremfall (Quelle: eigene Abbildung)

Für den Extremfall wird die eingeleitete Kraft in einem 45° Winkel an dem oberen Zugpunkt angebracht (Abb. 7). Alle Kräfte werden wie im ersten Fall beibehalten.

$$\eta = \frac{2000\ N \cdot 0,9\ m + 2200\ N \cdot 1,7\ m}{\cos(45°) \cdot 2250\ N \cdot 0,7\ m + \sin(45°) \cdot 2250\ N \cdot 2,8\ m} = \frac{5540\ Nm}{5568,68\ Nm} \approx 0,99$$

In diesem Fall müsste ein zusätzliches widerstehendes Moment von 2812,69 Nm eingebracht werden. Dies entspricht ca. einer 160 kg schweren Stahlplatte im Bereich der Getriebeeinheit.

Für die Annahme des Winkels aus dem ersten Extremfall und einer Abschwächung der Kraft von 2250 N auf 1500 N ergibt sich folgendes Ergebnis.

$$\eta = \frac{2000\ N \cdot 0,9\ m + 2200\ N \cdot 1,7\ m}{\cos(45°) \cdot 1500\ N \cdot 0,7\ m + \sin(45°) \cdot 1500\ N \cdot 2,8\ m} = \frac{5540\ Nm}{3712,37\ Nm} \approx 1,49$$

Durch die Abschwächung der Kraft kann der Sicherheitsfaktor von 1,5 fast erreicht werden.

Die Extremfälle sind eine theoretische Betrachtung, da sie einen eher unrealistischen Umgang mit dem Gerüst widerspiegeln.

Der zweite Lastfall im Inneren des Gerüstes braucht für die Kippsicherheit nicht betrachtet werden, da die Kraft, die ein treibendes Moment erzeugt, nun zu einem widerstehenden Moment wird. Alle auftretenden Kräfte bilden ein widerstehendes Moment. Somit entstehen keine treibenden Momente und der Kippsicherheitsfaktor muss nicht errechnet werden.

5.2 Kontaktbedingungen

Die Kontaktbedingungen spielen eine sehr große Rolle bei der Auswertung. Durch falsche Bedingungen können sich Ergebnisse maßgeblich verändern und verfälschen.

Durch die Forderung der Teilbarkeit des neuen Gangtrainergestells kommt eine Vielzahl von neuen Kontaktbedingungen zustande. Das alte Gestell wird überwiegend geschweißt. Der neue Entwurf enthält dagegen viele Steck-, Flansch- oder Schraubverbindungen. Immerhin besteht der neue Gangtrainer anstatt aus drei nun aus neun Baugruppen, die zusammengesetzt werden. Es ist wichtig, dass diese Verbindungen realitätsgetreu in der Berechnung abgebildet werden.

Kontaktbedingungen können in CATIA mit Hilfe von Randbedingungen oder virtuellen Teilen hergestellt werden. Randbedingungen setzen Zwänge direkt an festgelegten Kanten, Punkten oder Flächen an.

Die Randbedingung zum Boden ist für das Gangtrainergestell sehr interessant. Das Gestell wird lediglich auf den Boden gestellt, ohne dass es angeschraubt noch anderweitig befestigt wird. Der rotatorische Freiheitsgrad um die Hochachse wird durch keine Bedingung blockiert. Somit wäre keine Berechnung für das gesamte Gestell möglich.

Nachfolgend werden Varianten vorgestellt, die den tatsächlichen Kontakt zum Boden darstellen.

Eine Variante ist eine Kombination von virtuellen Teilen an den Außenkanten, die dann die Eigenschaften des Untergrundes darstellt. Eine andere Variante ist es, alle Auflageflächen des Unterteils mit einem Festlager zu versehen.

Es ergeben sich im Modell keine Unterschiede zwischen den beiden Varianten. Ausschließlich die Rechenzeit ist für virtuelle Teile um ein Vielfaches größer. Deshalb wird die Variante der Festlager für das Gestell benutzt.

Die anderen Lagerbedingungen des Modells äußern sich in Schraub-, Flansch-, Schweiß- oder Gleitlagerverbindungen. Sie werden mit Hilfe von Analyseverbindungen realisiert.

Um einer Analyseverbindung ihre Verbindungseigenschaften zuordnen zu können, muss zunächst die Dimensionseigenschaft sowie die Vernetzung festgelegt werden.

Im allgemeinen Modell müssen 86 Allgemeine- oder Linienverbindungen berücksichtigt werden. Dazu kommen 44 zusätzliche Bedingungen in der Baugruppe. Mit diesen Bedingungen ist es später einfacher, Kontaktbedingungen richtig zu definieren.

Das Modell besitzt insgesamt 18 Schweißverbindungen. Hauptsächlich werden diese Verbindungen im Oberteil genutzt, um ein stabiles Gerüst zu generieren. 34 Bolzen-verbindungen resultieren aus der Trennbarkeit der Konstruktion. Sie werden über allgemeine Verbindungen mit einer virtuellen Bolzenverbindung oder über Bedingungen, welche in der Baugruppe definiert werden, umgesetzt.

Die Verbindung zwischen beiden Rohrbögen wird mittels eines Klemmelementes realisiert. Der Klemmvorgang lässt sich äußerst kompliziert in CATIA darstellen. Eine Möglichkeit ist, die Auflageflächen der Rohre zu den Klemmstücken als Gleitverbindungen zu definieren. Bei dieser Möglichkeit fehlt jedoch gänzlich die Reibung, die bei der Klemmung entsteht. Eine zweite Möglichkeit ist die Darstellung des Kontaktes als fixierte Federverbindung. Diese Verbindung fordert aber jegliche Verschiebungs- und Rotationssteifigkeiten. Das beste Ergebnis wird durch die Eigenschaften einer Presspassverbindung erzeugt. Diese Variante bildet den Spannungszustand sehr realistisch ab. Diese Verbindungsvariante funktioniert nur bei dreidimensional vernetzter Geometrie mit Tetraederelementen.

Für das Oberteil gelten besondere Randbedingungen.

Die hinteren geraden Enden der äußeren Rohre sind im gesamten Modell in einem Dorn eingefasst. Es ist möglich, die Verbindung wie auch schon bei dem oberen Klemmelement, mit einer Presspassverbindung zu definieren. Es reicht jedoch aus, zur Optimierung der Rechenzeit, diese Bedingung mit Hilfe von Flächenloslagern zu gestalten. Die Flanschverbindung zur Mittelsäule sowie die Verbindung zu den Griffstangen wird durch ein oder mehrere virtuelle Teile ersetzt.

5.3 Programmtechnische Bearbeitung

Bei der Vernetzung ist die richtige Auswahl der Elemente sehr wichtig. Mit einer falschen Wahl kann es zu durchaus falschen Ergebnissen kommen.

In der Industrie werden häufig Tetraederelemente benutzt[12]. Sie werden bei CATIA über den automatischen Vernetzer erstellt. Andere Elemente müssen oftmals per Hand selbst

---

12   [JS]

vom Benutzer eingetragen und definiert werden. Beispielsweise wird eine Konstruktion in wenigen Sekunden automatisch mit Tetraederelementen vernetzt. Werden der Konstruktion hingegen Hexaederlemente selbstständig zugeordnet, ist dies viel aufwendiger und dauert insgesamt länger.

Lineare Tetraederelemente (TE4) sind in ihrer Berechnung ungenügend genau und weisen falsche Ergebnisse aus. Ein Element besitzt nur vier Knotenpunkte. Das gleiche Problem zeigt sich bei linearen Quadraten (QD4). Lineare Elemente sind nicht in der Lage, den Spannungszustand im eigenen Element zu ändern[13]. Deshalb werden Spannungen oftmals viel zu gering dargestellt. Sie besitzen damit eine höhere Steifigkeit als parabolische Elemente. In Tabelle 1 wird der Unterschied zwischen den verschiedenen Elementen gezeigt. Als Anlehnung an das neue Gangtrainergerüst wird hier ein Rohr vernetzt. Es ist 1280 mm lang, besitzt eine Wandstärke von 2,6 mm und einen Durchmesser von 76 mm. Es gilt somit als dünnwandiges Bauteil. Für dünnwandige Bauteile sind generell Schalenelemente wie das QD8 am besten geeignet.

	Anzahl	Spannung (Mpa)	Fehler in %
TE4	1611	142	46,62
QD4	768	251	5,64
TE10	1611	313	17,67
TE10	9418	271	1,88
QD8	768	269	1,13
QD8	4800	249	6,39
HEX20	520	266	0

Tabelle 1: Elementvergleich (Quelle: eigene Tabelle)

Die Annahme eines dünnwandigen Bauteils lässt sich anhand des Fehlers gut nachvollziehen. Sogar das QD4 Element, welches mit einem linearen Ansatz arbeitet, liefert noch ausreichende Ergebnisse. Lineare Tetraederelemente sind für dünnwandige Bauteile nur bedingt gut einsetzbar.

Besser sind parabolische Tetraederelemente (10 Knotenpunkte). Sie spiegeln die tatsächlich auftretenden Spannungen gut wieder. Erst mit einer hohen Anzahl von Elementen lassen sich ausreichend gute Ergebnisse erzielen.

---

[13]   [JS]

Am besten eignen sich parabolische Hexaederelemente (Abb. 8). Sie besitzen 20 Knoten in einem Element und liefern prozentual die besten Ergebnisse.

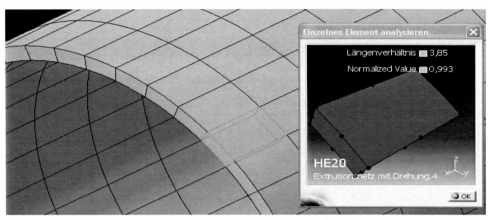

Abbildung 8: Hexaederelement einer Extrusion (Quelle: eigene Abbildung)

Bei der Vernetzung von Bauelementen ist mit großer Sorgfalt vorzugehen. Richtig verlegte Netze sparen Rechenzeit und erzeugen genauere Ergebnisse. Durch die enorme Höhe der Konstruktion muss teilweise mit großen Netzen gearbeitet werden.

Wichtig ist, dass mit der erweiterten Netzeinstellung gearbeitet wird. Nur diese Option lässt dem Benutzer die vielfältigen Möglichkeiten der Netzvariation offen.

Die Rechenzeit für parabolische Tetraeder ist sehr hoch. Bei einer zu kleinen Vernetzung führt die hohe Anzahl von Elementen teilweise zum Absturz des Computers.

Im ersten Schritt wird das Gangtrainergestell als ein einziger Solidkörper modelliert. So lassen sich die Designs besser gegenüberstellen. Im Prinzip entspricht ein Solidkörper einem völlig zusammengeschweißten Gerüst.

Die Vernetzung des Gerüstes mit Tetraedernetzen geht mit dem automatischen Vernetzer einfach und schnell. Es ergibt sich für das Gerüst ein völlig konsistentes Netz. Die Größe der Elemente und den Durchhang wählt der Vernetzer selbstständig aus. Trotzdem kommt es nach der Erzeugung der Netze noch zu Netzfehlern. Diese müssen durch den Benutzer durch eine manuelle Eingabe von kleineren Werten beseitigt werden. Zudem ist die Qualität des Netzes unbrauchbar. Durch die Verkleinerung des gesamten Netzes und lokale Netzverfeinerungen lassen sich Netzfehler beheben.

Im zweiten Schritt wird die Baugruppe herausgenommen, bei der die größten Spannungen vermutet werden. In diesem Fall ist es das Oberteil. Da diese Baugruppe hauptsächlich Schweißverbindungen enthält, ist eine exakte Modellierung sehr wichtig.

Es gibt zwei grundsätzlich verschiedene Modellierungsmöglichkeiten. Die erste Möglichkeit besteht darin, die Schweißnähte schon in dem 3D Modell zu gestalten. Dabei gibt es verschiedene Herangehensweisen. CATIA bietet ein extra Tool zur Erstellung von Schweißnähten an, in dem verschiedene Schweißnahtfälle für plane Flächen ausgewählt werden können. Für Rohre sind diese allerdings ungeeignet. Deshalb werden die Nähte mit einer Verrundung dargestellt (Abb. 9). Diese Methode erzeugt ein gutes Abbild. Nur der Schweißwerkstoff lässt sich nicht extra definieren. Die Verrundung übernimmt das Material, welches dem Bauteil zugeordnet wird.

Abbildung 9: Naht als Verrundung (Quelle: eigene Abbildung)

Im zweiten Fall kann eine Schweißnaht für sich als Netz definiert werden. Diese Methode ist um einiges aufwendiger als die der Schweißnahtgestaltung in 3D. Es gibt verschiedene Möglichkeiten, der Schweißnaht ein finites Element zuzuordnen. Als eines der besseren Elemente kristallisierte sich der lineare Hexaeder heraus. Mit ihm ist es möglich die bedeutende Schweißnahtdicke zu modellieren. Dies ist mit den anderen Elementen nicht möglich. Außerdem kann bei der Modellierung einer Schweißnaht von Hand ein spezifischer Werkstoff vorgegeben werden. Leider besitzt das Element durch seinen

Abbildung 10: Naht als Netz (Quelle: eigene Abbildung)

linearen Ansatz eine höhere Steifigkeit, als es eigentlich haben sollte. Somit kommt es zu fehlerhaften Ergebnissen im Bereich der Schweißnaht. In Abbildung 10 ist eine Naht mit

Hexaeder modelliert, die eine Schweißnahtbreite von 3 mm aufweist. An den Farbübergängen ist gut zu erkennen, dass die Schweißnaht einen gewissen Kraftanteil in sich aufnimmt.

Die bisher erwähnten Vernetzungsvarianten mit Tetraedern funktionieren automatisch durch das Berechnungsprogramm. Der Benutzer hat in diesem Fall nur wenige Einstellmöglichkeiten bei der Vernetzung.

Im Bereich der manuellen Vernetzung gibt es für das Oberteil zwei unterschiedliche Möglichkeiten. In der ersten Möglichkeit wird das Modell mittels Schalenelementen vernetzt. Die Stärke der Rohre wird hier bei den 2D-Eigenschaften festgelegt. Die zweite Möglichkeit besteht darin, das Oberteil mit Hexaederelementen zu vernetzen.

Bei der Verwendung von Schalenelementen muss zuerst die Mantelfläche der Rohre mit den dazugehörigen Führungslinien[14] abgeleitet werden. Da alle Rohre die gleiche Wandstärke besitzen, werden alle Mantelflächen zusammengefügt. Eine gesamte Mantelfläche ist später bei der Vernetzung vorteilhaft, weil so nur ein Netz für das Gestell erzeugt wird. Dies spart Zeit und Probleme bei der Vernetzung der Schweißnahtübergänge. Das an der Stirnseite befestigte Abdeckblech muss in diesem Fall extra definiert werden, da es eine Materialstärke von 3 mm besitzt. Der Nachteil in einer einheitlichen Mantelfläche liegt in seiner Variabilität. Im Nachhinein ist es nicht mehr möglich für die Rohre eine andere Wandstärke anzugeben. Für die spätere Optimierung ist die Berechnung mit einer einheitlichen Mantelfläche nur dann geeignet, wenn alle Rohre die gleiche Wandstärke besitzen.

Für die Vernetzung von Bauteilen mit parabolischen Hexaederelementen muss auch die Geometrie von der Baugruppe abgeleitet werden. Es werden die Randflächen und Führungslinien an den einzelnen Bauteilen benötigt. Die Grundflächen werden von den jeweiligen Stützflächen abgeleitet. Auf diesen Flächen kann dann das Netz erzeugt werden. Schon bei dieser Erzeugung ist es wichtig mit Hilfe der Prüftools die Qualität der entstehenden Netze zu überprüfen. Für die Flächennetze muss die Einstellung parabolisch benutzt werden da sonst kein Hexaederelement erstellt werden kann. Um eine Verknüpfung unter zwei verschiedenen Netzen herzustellen, muss der automatische Netzerfasser angewählt werden. Dieser benötigt vom Benutzer eine definierte Länge, damit die Knoten der Netze untereinander verbunden werden.

Die erzeugten Netze werden mit Hilfe der Flächenextrusion entlang einer Linie bearbeitet.

---

[14] Beschreibt den geometrischen Verlauf des gebogenen Rohres

Durch die Extrusion entsteht entlang der Leitlinie ein Hexaedernetz. Die Verbindungen dieser Netze erfolgen schon bei der Definition der Flächennetze.

Schwierig gestaltet es sich, die Schweißverbindung im Modell korrekt umzusetzen. Da nur wenige Eigenschaften für Verbindungen bei Schalen- oder Hexaedernetzen zur Verfügung stehen wird die genaue Darstellung kompliziert und ungenau. Zudem muss bei Hexaedernetzen für jede Verbindung eine Unterelementgruppe definiert werden. Sie stellt die Kopplung zwischen Netz und 3D-Körper her. Am erzeugten Netz selbst können keine Schweißnetzdefinitionen angebracht werden. Über die Unterelementgruppen lassen sich dann die allgemeinen Verbindungen definieren. Diese Gruppen werden am extrudierten Netz erzeugt. Um eine Funktion mit dem erstellten Netz zu bekommen werden Flächen- oder Liniengruppen nach Nachbarschaft ausgewählt. Durch die Nachbarschaft stellt die Gruppe eine Verknüpfung in einem benutzerdefinierten Raum mit dem 3D Bauteil her. Mit den allgemeinen Verbindungen ist es möglich die Hexaedernetze untereinander zu verknüpfen. Randbedingungen werden mit Hilfe von normalen Elementgruppen definiert.

Bei Rohrvernetzungen ist darauf zu achten, dass innen und außen Spannungen auftreten können. Dazu sind Hexaeder oder genügend kleine Tetraeder im Stande. Bei beiden Typen sollte der parabolische Ansatz gewählt werden, damit die Berechnung eine gute Genauigkeit besitzt. Durch die Vernetzung per Hand mit parabolischen Hexaedern werden in den meisten Fällen sehr gute Netze erzeugt, welche annähernd richtige Ergebnisse liefern. Am besten eignet sich diese Art der Vernetzung für einzelne Fräs- oder Gussteile. Die Bauteile lassen sich oft mit einer einfachen Geometrie darstellen und somit auch gut vernetzen.

Das im Gangtrainer II benutzte Bauteil ist mit seiner speziellen Bauart und Verschweißung der Rohre untereinander schwierig mit einem Hexaedernetz erfassbar.

Die Ausschnitte der Zwischenrohre mit ihrer komplexen Geometrie erschweren die Vernetzung mit Hexaedern enorm. Die spitzen und scharfen Formen können nur bedingt abgebildet werden. Mit einer Verkleinerung des Netzes ist die Erfassung der Geometrie dennoch möglich. Durch die gesteigerte Elementanzahl im Netz wird die Rechenzeit erhöht. In diesem Fall ist es vorteilhaft einen guten Kompromiss zwischen einer exakten Geometriedarstellung und einer annehmbaren Rechenzeit zu finden

Der zusätzliche Zeitaufwand bei der Modellierung einer aufwendigen Schweißbaugruppe spiegelt sich keineswegs in der geringen Berechnungszeit wider.

Um für die ausgeführte Berechnung einen weiteren Kontrollindikator zu gewinnen, kann bei jeder statischen Berechnung ein zusätzlicher Sensor eingestellt werden. Dieser berechnet Intern den globalen Fehler einer Rechnung.

Durch die Funktion der Adaptivitätseinheit kann bei Hexaedernetzen schon vor der Berechnung eine lokale und globale Genauigkeit ermittelt werden. Durch die Adaption kann sich der Benutzer ein gutes Bild über die Genauigkeit des Netzes und somit auch über die Genauigkeit der Berechnung machen.

5.4 Gestellanalyse

Um einen besseren Überblick zu gewinnen, werden einige der in Punkt 4 erläuterten Entwürfe auf ihre Gesamtstabilität hin untersucht. Die Entwürfe werden als ein zusammenhängendes Modell entwickelt und vernetzt. Die Berechnungen der Modelle erfolgen aufgrund der Rechenzeit mit einer begrenzten Elementanzahl. Die Lasteinleitung wird mit 2250 N immer am entferntesten Punkt des Auslegers angesetzt. Dies soll den ersten Lastfall widerspiegeln.

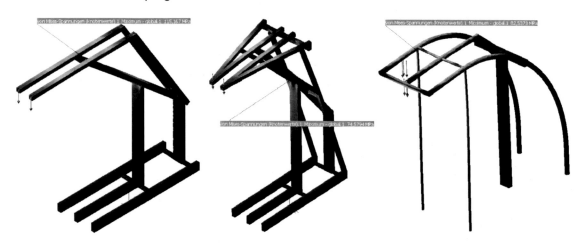

Abbildung 11: Gestellvergleich (Quelle: eigene Abbildung)

Abbildung 11 zeigt eine Auswahl von verschiedenen analysierten Gestellen. Das linke Modell zeigt einen homogenen Spannungsverlauf an seinen oberen Vierkantprofilen. Aufgrund der Länge der Profile erfährt dieses Modell die größte Verschiebung (11 mm) am Lastpunkt. Im mittleren Gestell wird die auftretende Last auf mehrere Bauelemente verteilt. Die Spannungsspitze am Übergang vom Oberteil zur Mittelsäule verdeutlicht die Spannungsabnahme im oberen Bereich. Ein besserer Spannungsverlauf und die geringste Verschiebung (4 mm) werden im rechten Modell erreicht. Die halbrunde Form mit den vorderen Stützelementen nimmt die Kraft effektiv auf.

Da es viele Entwürfe mit gebogenen Halte- und Griffstangen für das halbrunde Gestell gibt, erfolgt mit Hilfe von CATIA die Berechnung eines Beulprozesses für das endgültige

Modell. Die Beulung oder Knickung der vorderen Haltestangen kann nur im ganzen Modell bestimmt werden, weil eine Beulanalyse mit mehreren Bauteilen nicht möglich ist. Die seitlichen Griffstangen werden im Modell nicht berücksichtigt, da die tatsächlichen Befestigungspunkte variabel sind. Durch ihre Befestigung entsteht im Fall der Implementierung eine zusätzliche Stabilität.

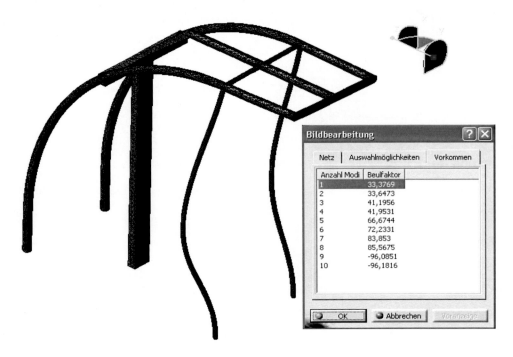

Abbildung 12: Beulprozess (Quelle: eigene Abbildung)

Wie in Abbildung 12 dargestellt ist, belaufen sich die kleinsten Beulfaktoren auf ca. 33. Je höher ein Beulfaktor ist, desto besser verhält sich die Konstruktion gegen eine Beulung[15]. Es sind also nur die ersten vier Fälle interessant. Die anderen werden aufgrund der Größe des Beulfaktors wohl kaum auftreten. Wie vermutet, ist ein Einknicken der vorderen Haltestangen zu erkennen. Der Beulfaktor ist jedoch groß genug, sodass sich ein Einknicken der Griffstangen ausschließen lässt. Der Skalierungsfaktor ist auf Grund der besseren Darstellung sehr hoch gewählt. Die Verformung, welche in der Abbildung zu erkennen ist, spiegelt nicht den tatsächlichen Sachverhalt wider.

Da ein verformtes oder gebogenes Rohr in axialer Richtung weniger Kräfte aufnimmt als ein gerades Rohr, wird zu Gunsten der Stabilität eine gerade Variante gewählt. Zudem kann die tatsächliche Verformung von einem gebogenen Rohr schwierig in einem CAD Programm abgebildet werden. Es bedarf eines hohen technischen Aufwandes, Rohre so zu biegen, dass ihre Wandstärke gleichmäßig bleibt. Deshalb ist aus statischer und fertigungstechnischer Sicht ein gerades Rohr für das Gerüst günstiger.

---

15   [KW]

5.5 Bauteilanalyse

In der Bauteilanalyse werden die verwendeten Bauteile hinsichtlich ihrer Genauigkeit betrachtet. Es werden die Vernetzungen und die Bauteilstärke variiert und optimiert. Im Vordergrund steht die Analyse des Oberteiles in Verbindung mit den Griffstangen, da hier die größten Spannungen erwartet werden. Es werden für jede Art der Vernetzung zwei Varianten überprüft. Die beiden Varianten unterscheiden sich durch den Durchmesser der Zwischenrohre. Es wird dabei zwischen 42,4 mm und 60,3 mm unterschieden. Die Wanddicke der Rohre ist gleich und liegt bei 2,3 mm.

5.5.1 Automatische Vernetzung

Bei der automatischen Vernetzung wird nur mit Tetraederelementen vernetzt. Bei dieser Art der Vernetzung werden die erstellten Netze nicht auf ihre Qualität hin untersucht. Die Größe der Elemente wird vom Programm selbstständig gewählt. Bei der automatischen Vernetzung wird nur das Modell mit ausmodellierten und vernetzten Schweißnähten betrachtet. Die Anzahl der Elemente für die Baugruppe beträgt ca. 65.000.

Die höchsten Spannungen (ca.50 N/mm²) treten im Bereich der Verbindung vom Halterohr zum Frästeil auf. Im Bereich der Schweißnähte lassen sich keine Spannungsspitzen nachweisen. Die Qualität der gut zu berechnenden Elemente liegt nur bei 74%.

Für den zweiten Lastfall ergeben sich ausschließlich Spannungen an der Stelle, an der die Kraft eingeleitet wird. Die Verbindungsstücke zu den Griffstangen weisen keine markanten Spannungen auf.

Bei dem Modell mit vernetzten Schweißnähten ergeben sich Netzfehler. Der automatische Vernetzer ist nicht in der Lage alle Schweißverbindungen sauber zu erfassen und umzusetzen. Dadurch entstehen ungewollt Lücken an den Übergängen. Auf Grund der fehlerhaften Vernetzung kommt es im Bereich der Netzfehler zu Spannungsspitzen. Diese Spitzen sind meist unnatürlich hoch und nicht realitätsgetreu. Die Anzahl der Elemente und die Qualität der Berechnung unterscheiden sich kaum von der Berechnung mit ausmodellierten Schweißnähten.

5.5.2 Halbautomatische Vernetzung

Wie schon bei der automatischen wird auch in der halbautomatischen Vernetzung die Baugruppe des Oberteils als Bauteil umgewandelt. Um die Lasteinleitung in die Griffstangen zu gewährleisten, werden die Verbindungsstücke als extra Bauteile definiert.

Die Griffstangen werden durch ein virtuelles Bauteil ersetzt. Die Benutzung von virtuellen Bauteilen ist in diesem Fall sehr vorteilhaft, da die Rechenzeit sich dadurch verkürzt. Als Besonderheit wird, bei der halbautomatischen Vernetzung zusätzlich die Schweiß-nahtdefinition wie in 5.3. bereits erwähnt, variiert.

Die Vernetzung mit parabolischen Tetraedern erfolgt mit dem automatischen Vernetzer. Dieser erzeugt für das Modell 36140 Elemente. Die Qualitätsanalyse zeigt, dass davon nur 74 % als gut für die Berechnung zu bewerten sind. Somit sind 26% der Tetraeder nicht zufriedenstellend oder sogar fehlerhaft. Die Qualitätsanalyse begutachtet jedes Element nach den vordefinierten Kriterien. Bei der Standardmethode werden Merkmale, wie z.B. der Krümmungsfaktor und das Längenverhältnis eines einzelnen Elementes geprüft. Diese Methode erleichtert die Überprüfung des Netzes und zeigt mögliche Fehlerquellen vorzeitig an. Die für die Berechnung guten Elemente der Analyse finden sich vorwiegend in den Verbindungsstücken. Für die Rohre sind die vom automatischen Vernetzer gewählten Größen für die Elemente zu lang. Deshalb wird per Hand mit globalen und lokalen Netzverfeinerungen gearbeitet, damit die Gesamtqualität des Bauteils besser wird. Die Gesamtgröße des Netzes wird auf 10 mm eingestellt. Für Kanten oder Schweißnähte wird eine Größe von 2 mm pro Element definiert. An markanten Stellen, die Spanungsspitzen aufweisen, wird mit einer Elementgröße von 0,5 mm vernetzt. Nach dem Eingreifen durch den Benutzer hat sich die Elementanzahl auf 236797 gesteigert. Das vernetze Bauteil besteht nun aus 95,94 % qualitativ guten Tetraedern. Die restlichen Elemente sind nicht zufriedenstellend.

Eine zu 100 % gute Qualität ist mit dem automatischen Vernetzer kaum zu erreichen. Es ist nur möglich, nah an 100 % heranzukommen. Die extrem hohe Anzahl der Elemente sowie die Knotenanzahl von über 600.000 schlagen sich markant auf die Rechenzeiten nieder.

Ergebnisse für den ersten Lastfall (Variante 1):

Die Einleitung der Last (2250 N) erfolgt vorn an zwei Kanten zwischen dem Führungsrohr und dem Abdeckblech. Die Spannungsspitze von 74,4 N/mm² zeigt sich an den vorderen Schweißnähten der Zwischenrohre. Der Spannungsverlauf verhält sich homogen an der Naht und ist plausibel. Die äußeren Halterohre weisen vor dem Frästeil eine zusätzliche Spannung auf. Diese liegt im Bereich von 40 N/mm².

Ergebnisse für den zweiten Lastfall (Variante 1):

Im zweiten Lastfall beträgt die globale maximale Spannung 197,2 N/mm². Sie entsteht in den Schweißnähten der hinteren Zwischenrohre. Sie zeigt ebenso wie im ersten Lastfall einen homogenen Spannungsverlauf. Andere ungewöhnliche Spannungen lassen sich in diesem Fall nicht erkennen.

In der zweiten Variante besitzen die Zwischenrohre des Gestells nun einen Durchmesser von 60,3 mm. Die Wandstärken sowie alle Randbedingungen bleiben für dieses Modell gleich. Durch die Erhöhung des Durchmessers ergibt sich eine längere Schweißnaht und demzufolge eine bessere Kraftflussumleitung im oberen Gerüst. Auch hier ergibt die erste automatische Vernetzung ein ungenügendes Netz für die Berechnung. Das Bauteil wird danach mit parabolischen Tetraedern mit einer maximalen Größe von 10 mm vernetzt. Die Größen für lokale Vernetzungen wie z. B. für Schweißnähte betragen 2 mm. Für Bereiche an denen eine erhöhte Spannung auftritt, wird mit einer Elementgröße von 0,5 mm vernetzt. Es ergeben sich 393735 Elemente. Laut Bericht besitzen nun 97,98 % des vorhandenen Netzes eine gute Qualität für die Berechnung. Diese ist für eine hinreichend genaue Berechnung somit geeignet.

Ergebnisse für den ersten Lastfall (Variante 2):

Für den ersten Lastfall ergibt sich eine maximale Spannung von 72,5 N/mm² an der oberen Schweißnaht vom Führungsrohr zum Zwischenrohr. Wie auch schon in den anderen Ergebnissen ist die Spannungsverteilung an den Nähten gleichmäßig und plausibel. Wie schon in Variante 1 weisen die Halterohre eine flächige Spannung an der Ober- und Unterseite des Rohres von etwa 50 N/mm² auf. Die Frästeile besitzen an ihren Kanten eine maximale Spannung von 52 N/mm².

Ergebnisse für den zweiten Lastfall (Variante 2):

Wie bei der ersten Variante treten in der zweiten Variante die höchsten Spannungen bei den Zwischenrohren auf. Der größte Wert beläuft sich auf 96,5 N/mm². Das spricht für die Annahme, dass die im Durchmesser größer gewählten Rohre einen besseren Kraftfluss an den Schweißnähten generieren. Für das Verbindungsstück liegen die Spannungen in einem Bereich von 21 N/mm².

Für die Berechnung mit vernetzten Schweißnähten muss die Elementanzahl der gesamten Baugruppe leicht gesenkt werden, weil zusätzliche Ressourcen für die Kontakt- bedingungen benötigt werden. Jede Naht wird nun durch zusätzlich definierte Elemente dargestellt. Es wird darauf geachtet, dass jedes dieser Elemente einen guten Status für die Berechnung aufweist. Die Schweißnahtbreite kann mit der Elementbreite festgelegt werden. Die Breite für eine Naht beträgt 3 mm.

Die Ergebnisse der halbautomatischen Vernetzung mit modellierten Schweißnähten unterscheiden sich kaum von der Variante mit vernetzten Schweißnähten. Die Spannungsspitzen treten teilweise an den gleichen Stellen im Modell auf, wie bei den ersten Berechnungen. Alle ermittelten Ergebnisse weisen im Allgemeinen geringere Spannungswerte auf. Dies erklärt sich durch die höhere Steifigkeit, welche durch die Vernetzung der Nähte zustande kommt.

5.5.3 Manuelle Vernetzung

In der manuellen Vernetzung wird noch einmal auf die Art der Vernetzung eingegangen. Zuvor muss jedoch, wie in Kapitel 5.3 schon beschrieben, die Geometrie des Bauteils abgeleitet werden. Schweißnähte lassen sich nicht wie in den vorher beschriebenen Kapiteln nachbilden. Aufgrund der Eigenschaft und Geometrie des Frästeils wird dieses mit Tetraederelementen vernetzt.

Für die Vernetzung mit parabolischen Hexaedern werden bei beiden Varianten mehr als 50000 Elemente generiert.

Durch die Vernetzung von Hand ergibt sich eine gute Qualität für das Netz. Die Anzahl der Elemente liegt deutlich unter der, der automatisch erstellten Vernetzungen.

Die Spannungen verhalten sich ähnlich wie bei der halbautomatischen Vernetzung. Durch die unkorrekte Darstellung der Geometrie kommt es teilweise zu Spannungsspitzen von bis zu 450 N/mm². Diese treten oft bei Übergangsknoten von zwei unterschiedlichen Elementen auf, die aufeinander treffen.

Die Spannungen der Halterohre liegen im Bereich von 50 N/mm². Somit stimmen sie mit den Ergebnissen der halbautomatischen Vernetzung überein.

Bei der Vernetzung mit Schalen werden im Durchschnitt 55000 Elementen erzeugt. Um eine höhere Genauigkeit an den Bauteilübergängen zu erreichen, wird dort mit einer definierten Knotenanzahl gearbeitet. Für eine Schweißnaht werden für die Berechnung 100 Knotenpunkte angesetzt.

Die Spannungen liegen für das Gestell mit einem kleinen Durchmesser für die Zwischenrohre bei 171,6 N/mm². Sie treten an der hinteren Schweißnaht des Führungs-rohrs zu den Zwischenrohren auf. Diese Ausprägung der Spannungsspitze ist für den ersten Lastfall ungewöhnlich. Sie lässt sich jedoch mit der ungenauen Definition der

Kontaktbedingung am Frästeil erklären. An den vorderen Schweißnähten herrschen Spannungen von 115 N/mm². Die Spannungsverteilung an den Halterohren ist nicht so ausgeprägt wie bei den anderen Vernetzungsvarianten. Auffällig ist die Spannung an den Halterohren hinter dem Frästeil.

Der zweite Lastfall weist ähnliche Ergebnisse auf wie die von anderen Vernetzungen. Die Spannungsspitze an der Schweißnaht vom Führungsrohr besitzt eine Größe von 214,7 N/mm². Andere auffällige Spannungen sind nur am Lasteinleitungspunkt zu erkennen.

Bei der zweiten Variante mit größeren Zwischenrohren entsteht für den ersten Lastfall eine Spannung von 191 N/mm² an der Unterseite des Führungsrohrs. An den vorderen Schweißnähten der Halterohre erreicht die Spannung einen Wert von 110 N/mm². Am Flansch des Führungsrohrs treten teilweise Spannungen im Bereich von 130 N/mm² auf.

Für den zweiten Lastfall ergeben sich Spannungen von 109 N/mm². Diese befinden sich an der gleichen Stelle wie bei dem ersten Lastfall. Die Vergrößerung der Schweißnaht durch den größeren Durchmesser verlagert die Spannung. Der Kraftfluss an der Naht verläuft viel homogener als der bei den dünneren Zwischenrohren. Zudem verkleinert sich die Spannung an den Schweißnähten auf durchschnittlich 30 N/mm².

5.6 Auswertung der Berechnung

Für einen besseren Überblick werden in Tabelle 2 jegliche Modelle mit allen Varianten und ihre dazugehörigen höchsten Spannungen (in N/mm²) dargestellt.

Rohrdurch-messer		Lastfall 1				Lastfall 2				Elemente Ø	Qualität (in %)	
		40 mm		60mm		40 mm		60 mm			40 mm	60 mm
Schweißnaht-modellierung		3D	Netz	3D	Netz	3D	Netz	3D	Netz			
automatisch		55,3	83	54	55	47	121	39	138	39.000	70,2	71,5
halbauto-matisch		74	67	73	66	197	147	96	94	350.000	95,94	97,9
manuell	QD	171		191		214		109		55.000	97,6	97,7
	HEX	126		444		289		380		50.000	97,2	95,31

Tabelle 2: Spannungsübersicht (Quelle: eigene Tabelle)

Es ist zu erkennen, dass die Spannungswerte für die zwei existierenden Lastfälle sich für alle Varianten bis auf die Hexaedervernetzung im elastischen Bereich von S235 und S355 befinden. Es ist sogar möglich, im Sinne der Gewichtsoptimierung den Werkstoff AlMgSi 1 zu verwenden[16]. Dieses Material besitzt eine Streckgrenze von 240 N/mm² und ist somit für das Gestell geeignet. Für AlMgSi muss die Wandstärke vergrößert werden, da die Streckgrenze für diesen Werkstoff nur bei 195 N/mm² liegt[17]. Die Spannungen des zweiten Lastfalles liegen knapp über diesem Wert.

Alle halbautomatisch erzeugten Ergebnisse sind zusätzlich mit globaler und lokaler Adaptivität berechnet. Der maximale globale Fehler beträgt dabei weniger als 10 %, der lokale Fehler liegt sogar unter 5 %.

Die Behauptung, dass durch eine grobe Vernetzung geringe oder falsche Spannungen ausgewiesen werden, deckt sich mit den Ergebnissen, die in Tabelle 2 dargestellt sind. Bei der automatischen Vernetzungsvariante sind die Ergebnisse kleiner als die der anderen Varianten. Dieses Phänomen erklärt sich durch die automatisch erzeugten Elemente. Sie sind für das Bauteil viel zu groß gewählt und erzeugen eine höhere Steifigkeit und somit eine geringere Spannung. Einzelne Spitzenspannungen lassen sich durch die Art der Vernetzung und Vernetzungsfehler erklären.

Aus der Tabelle 2 geht außerdem hervor, dass bei der manuellen Vernetzung mit Schalenelemente plausible Ergebnisse mit einer deutlich verringerten Elementanzahl entstehen können.

Durch die unrealistische oder ungenügend genaue Nachbildung des Klemmkontaktes kommt es jedoch bei der manuellen Vernetzung oft zu Abweichungen der Spannungswerte. Obwohl die Netze des Frästeils und der Halterohre miteinander verknüpft sind, ist teilweise eine Durchdringung dieser bei einer Simulation zu erkennen. Dieses Problem lässt sich nur mit einer sehr kleinen Netzgröße beider aufeinander treffenden Netze lösen.

Die Ergebnisse der Hexaedervernetzung verdeutlichen, dass die Eigenschaften und Randbedingungen der Baugruppe nicht korrekt dargestellt werden. Durch die komplizierte Geometrie treten unnatürlich hohe Spannungsspitzen an Bauteilübergängen auf. Die Schweißnähte werden durch die Einschränkungen bei Hexaederelementen nicht richtig dargestellt. Mit einer erhöhten Anzahl von Elementen kommt es ab einem bestimmten Punkt zu Berechnungsfehlern und Singularitäten. Deshalb sind die Ergebnisse für die Auswertung nicht empfehlenswert.

---

16   http://www.abmkupral.hu/download/AW_6082_-_AlMgSi1_-_SW.pdf (eingesehen am 16.2.2012)
17   http://www.abmkupral.hu/download/AW_6060_-_AlMgSi.pdf (eingesehen am 16.2.2012)

Interessant für die Auswertung der Baugruppe ist außer der Spannung die maximale Verschiebung auf der y-Achse.

Es geht dabei um die Verschiebung des Punktes, an dem der Patient mit Hilfe des Tragegurtes angehängt wird. Eine geringere Größe ist dabei von Vorteil, um das Sicherheitsgefühl des Patienten zu steigern.

Ausgehend vom ersten Lastfall beläuft sich bei der ersten Variante mit einem Durchmesser von 42,4 mm die Verschiebung auf 1,6 mm.

Für die Variante mit einem Durchmesser von 60,3 mm ergibt sich eine maximale Verschiebung für das Oberteil von 1,49 mm. Eine Vergrößerung des Durchmessers wirkt sich somit kaum auf die Gesamtverschiebung aus.

Für den zweiten Lastfall ergeben sich Verschiebungen, die unter einem Millimeter sind. Diese geringen Bewegungen sind für den Patienten kaum wahrnehmbar.

Für die Verschiebung bei der manuellen Vernetzung ergeben sich ähnliche Verschiebungswerte. Durch die ungenaue Definierung der Randbedingungen sind die Verschiebungen der manuellen Vernetzung mit Vorsicht zu betrachten.

5.7 Bewertung

Ausgehend von den berechneten Spannungen und dem Ergebnis des Beulprozesses kann das entwickelte Gestell als statisch stabil erklärt werden.

In den Berechnungen wird die Baugruppe näher untersucht, an der die höchste Spannung vermutet wird. Die Ergebnisse der Gestellanalyse ergeben, dass das Oberteil mehr Spannungen aufnimmt als andere vorhandene Baugruppen.

Am Oberteil kann keine Spannung außerhalb der zulässigen Streckgrenze für S235 oder S355 festgestellt werden. Somit ist ein geschweißtes Rohr (DIN 2458) mit der Wandstärke 2,6 mm für beide Lastfälle ausreichend[18]. Ein Vergleich mit einem nahtlosen Rohr nach DIN 2448, mit einer Wandstärke von 2,9 mm ist unnötig, da es eine höhere Stabilität besitzt. Diese Erkenntnis spart weitere Kosten bei der Herstellung.

Die Ergebnisse der Berechnung mit Hexaederelementen kann in der Bewertung nicht betrachtet werden, weil durch die komplexe Geometrie die Baugruppe nicht realistisch abgebildet wird.

---

18   [KK]

Bei der Optimierung werden die Querschnitte der Rohre vom Oberteil verringert. Die Berechnungen erfolgen mit Tetraeder- und Schalenelementen, da diese die besseren Ergebnisse generieren.

Die Analyse mit Tetraedern ergibt eine konstruktive Stabilität für die Baugruppe. Die auftretenden Spannungen sind nicht größer als 160 N/mm². Diese treten beim zweiten Lastfall an den oberen Schweißnähten auf. Der Spannungszustand der Halterohre beläuft sich für den ersten Lastfall auf 108 N/mm². Durch den geringeren Durchmesser und der verringerten Wandstärke hat sich somit die Spannung in dieser Stelle verdoppelt. Der ermittelte Wert liegt jedoch deutlich im elastischen Bereich der ausgewählten Materialien. Die globale Adaptivität beträgt 9,6% für das gesamte erstellte Netz.

Die Berechnung mit Schalenelementen zeigt eine maximale Spannung von 237 N/mm² an den Schweißnähten. Die übrige Konstruktion bildet einen homogenen Spannungszustand ab. Die äußeren Halterohre weisen eine maximale Spannung von 70 N/mm² auf. Da die Nähte aus einem härteren Werkstoff hergestellt werden, ist die entstehende Spannung somit unproblematisch. Zudem kommt die ungenaue Abbildung der Schweißnähte die im Modell mit Schalenelementen entsteht.

Eine Optimierung kann somit hinsichtlich der äußeren Halterohre vorgenommen werden. Es ist möglich den Durchmesser des Rohres von 76 mm auf 60,3 mm zu verringern. Dieser Durchmesser und die dazugehörige Wandstärke von 2,3 mm ergibt sich aus der DIN 2448 Reihe 1 für Stahlrohre.

Nach den Ergebnissen in der Berechnung mit Schalenelementen besteht die Möglichkeit der Optimierung zusätzlich zu den Rohren auch bei dem oberen Halteblech. Die Blechdicke kann von 3 mm auf 2 mm verringert werden.

Die exakte Berechnung von Baugruppen lässt sich schwierig umsetzen. Eine realitätsnahe Abbildung ist für genaue Ergebnisse unbedingt erforderlich. Für die vorliegende Baugruppe (Oberteil) bietet eine halbautomatische Vernetzung mit Tetraederelementen, im Vergleich zu den anderen Vernetzungsmethoden das beste Abbild. Alle Eigenschaften und Randbedingungen lassen sich mit den Funktionen die CATIA bietet, gut umsetzen.

Die Bewertung der Schweißnahtvariation aus der halbautomatischen Vernetzung lässt auf Grund der Ergebnisse den Schluss zu, dass Nähte, die mit einem Netz erzeugt werden, höhere Steifigkeiten besitzen. Alle Spannungen bilden sich geringer aus, als die der 3D modellierten Bauteile.

Die Vernetzung mit Schalenelementen bietet ähnlich gute Ergebnisse. Nur die Klemmung und die Schweißnähte lassen sich mit dieser Variante nicht exakt darstellen.

Von einer Vernetzung mit Hexaederelementen wird in diesem Fall abgeraten, da die komplexe Geometrie der Baugruppe nur schwierig nachgeahmt werden kann. Zudem führen die fehlenden und ungenauen Randbedingungen zu unnatürlichen Spannungsspitzen im Modell.

6. Linearführung

Nach dem Gangprozess ist der Patiententransport einer der wichtigsten Arbeitsschritte bei dem Umgang mit dem Gangtrainer. In erster Linie muss der Patient ein gutes und sicheres Gefühl bei der Bewegung haben. Die Patienten sind in der Regel gehunfähig und können sich damit nicht aus eigener Kraft auf den Beinen halten. Deshalb spielt der Wohlfühlfaktor eine wichtige Rolle bei der Beförderung. Außerdem darf der Kraftaufwand für das Pflegepersonal nicht allzu groß sein.

Der alte Gangtrainer ist mit seinem Kragarm sehr stabil und wuchtig ausgelegt.

Wenn ein Patient angegurtet ist, wird er mit einem Schwung in das Gerät befördert. Danach wird er auf den Fußpedalen positioniert und fixiert. Problematisch ist die geringe Reichweite des Kragarmes. Das Pflegepersonal muss sehr nah mit dem Rollstuhl an den Gangtrainer heranfahren. Oft muss das Seil weit vom Gangtrainer weg gezogen werden, damit die Patientenaufnahme überhaupt gewährleistet wird.

Eine Linearführung ist eine sehr gute Lösung, um den Transport von Objekten zu realisieren. Sei es in der Industrie, an Maschinentischen, Kränen, Sportgeräten oder sogar bei Schubladen. Linearführungen finden überall eine Anwendung.

Für den Gangtrainer wird die Führung bei einer Fremdfirma eingekauft. Die größten Anbieter für Linearführungen, die in Frage kommen, sind INA und ROLLON.

Die erste Idee für eine Führungseinrichtung ist eine Zweischienenbahnlösung. Bei dieser Möglichkeit wird ein Fahrwagen zwischen zwei Laufschienen eingeführt. Durch einen Unterschied der beiden Schienenprofile stellen diese eine Los- /Festlagerverbindung dar.

Diese Variante ist problematisch bei der Montage, da beide Laufschienen exakt parallel zueinander montiert werden müssen. Dies lässt sich aus fertigungstechnischer Sicht nicht vereinbaren. Ein Klemmelement soll zusätzlich am Fahrwagen angebracht werden und ist bei einem der Anbieter nicht erhältlich.

Auf Grund der Fertigung etabliert sich die Option der Einschienenbahn (Monorail). Diese ist weitaus robuster und lässt sich leichter montieren. Zudem kann sie höhere Lasten als eine Zweischienenbahn aufnehmen. Klemmelemente sind als Zubehör lieferbar.

INA bietet mehrere Möglichkeiten für Linearführungen an:

> ➢ Rollenumlaufeinheit (RUE)
> ➢ Kugelumlaufeinheit (KUE)

Aus den Datenblättern für die Linearführungswagen geht hervor, dass die auftretenden Belastungen vollständig aufgenommen werden können.

Die RUE sowie die KUE besitzen eine dynamische Traglast von 28000 N. Da die Standardbelastung für den Gangtrainer bei 2250 N liegt, bietet die RUE eine Sicherheit von über 12. Die KUE eignet sich besser für den Einsatz im Gangtrainer, weil sie eine bessere Aufnahme der statischen Momente bietet.

Die linearen Führungseinrichtungen von ROLLON heißen MRS und MRT. Sie besitzen bautechnisch die gleichen Eigenschaften wie die Elemente von INA. Ausschließlich ihre dynamischen Traglasten sind geringer. Sie betragen nur 8500 N, sind jedoch mehr als ausreichend für die voraussichtliche Verwendung. Bei den statischen Momenten sind die Unterschiede markanter. Teilweise sind die Momente bei den Produkten von der Firma INA um das Vierfache größer. Alle erwähnten Traglasten ergeben sich aus den dazugehörigen Datenblättern der einzelnen Linearführungen[19].

Das Klemmelement wird nicht benötigt, da die Feststellung mittels Arretierbolzen hergestellt wird. Er befestigt den Wagen am Anfangs- und Endpunkt der Linearführung. Der Arretierbolzen erwies sich schon beim Gangtrainer I als gut bedienbar und soll deshalb beibehalten werden. Der Arretierbolzen wird bei einer Zulieferfirma eingekauft. Diese ist ein Produzent für Industrienormteile und vertreibt verschiedene Ausführungen von Arretierbolzen und -stiften.

Durch die Linearführung ergibt sich für das Seil eine Problematik. Es entsteht eine überschüssige Länge, wenn der Fahrwagen auf der Schiene bewegt wird. Diese überschüssige Länge muss in irgendeiner Form abgefangen oder eingerollt werden, da sonst der Hub für die Gangentlastung nicht mehr durchführbar ist. Die Hubbewegung für den Patienten muss weiterhin bestehen, da sie eine elementare Bewegung beim Gangablauf darstellt.

Bei einer individuellen Lösung mit einem Elektroantrieb besteht dieses Problem nicht, weil der Elektromotor das Seil einzieht und die Hubbewegung selbstständig ab dem eingezogenen Punkt ausführen kann. Da jedoch die Option eines Flaschenzuges weiterhin bestehen soll, muss eine passende Lösung gefunden werden.

Für die Lösung dieses Problem gibt es verschiedene Ansätze. Eine mögliche Lösung ist die Trennung des Seils am Ende der Führung. An diesem Ende ist ein Mechanismus (Zahnrad, Hakenarm) vorgesehen, der beide Seilenden verbinden kann.

---

[19] http://medias.ina.de/medias/de!hp.ec/1_L*0*A00000000000000008*1;bXAJS6Uv01P-#1 (eingesehen am 27.2.2012)

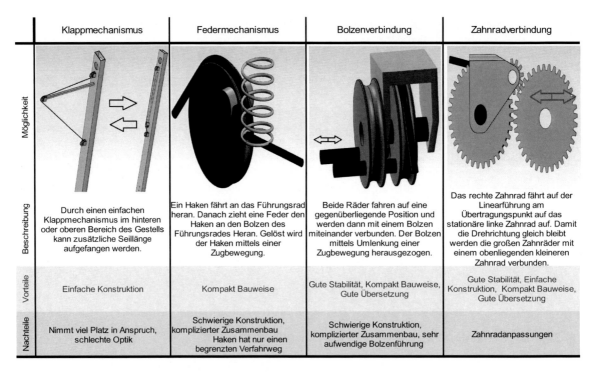

	Klappmechanismus	Federmechanismus	Bolzenverbindung	Zahnradverbindung
Möglichkeit				
Beschreibung	Durch einen einfachen Klappmechanismus im hinteren oder oberen Bereich des Gestells kann zusätzliche Seillänge aufgefangen werden.	Ein Haken fährt an das Führungsrad heran. Danach zieht eine Feder den Haken an den Bolzen des Führungsrades Heran. Gelöst wird der Haken mittels einer Zugbewegung.	Beide Räder fahren auf eine gegenüberliegende Position und werden dann mit einem Bolzen miteinander verbunden. Der Bolzen mittels Umlenkung einer Zugbewegung herausgezogen.	Das rechte Zahnrad fährt auf der Linearführung am Übertragungspunkt auf das stationäre linke Zahnrad auf. Damit die Drehrichtung gleich bleibt werden die großen Zahnräder mit einem obenliegenden kleineren Zahnrad verbunden.
Vorteile	Einfache Konstruktion	Kompakt Bauweise	Gute Stabilität, Kompakt Bauweise, Gute Übersetzung	Gute Stabilität, Einfache Konstruktion, Kompakt Bauweise, Gute Übersetzung
Nachteile	Nimmt viel Platz in Anspruch, schlechte Optik	Schwierige Konstruktion, komplizierter Zusammenbau Haken hat nur einen begrenzten Verfahrweg	Schwierige Konstruktion, komplizierter Zusammenbau, sehr aufwendige Bolzenführung	Zahnradanpassungen

Tabelle 3: Entscheidungstabelle (Quelle: eigene Tabelle)

In Tabelle 3 sind die ersten Lösungsansätze und Ideen mit ihren jeweiligen Vor- und Nachteilen dargestellt. Die Tabelle gibt einen Überblick über die Lösungsansätze und deren Funktionen. Die Ansätze werden so entwickelt, dass sie in ihrer Funktionalität robust und in ihrer Herstellung wirtschaftlich sind.

Die Problematik der drei rechten Lösungsansätze liegt in ihrer Funktion im ausgekoppelten Zustand. Durch die Last des Patienten kann die Rolle am Führungswagen durchdrehen, da eine Fixierung nicht bedacht wird.

Somit muss eine andere Herangehensweise an das Problem gewählt werden.

Folgende Lösungsansätze sind für alle Phasen geprüft.

Die erste Lösung (Abb. 13) beruht auf einer Schwalbenschwanzverbindung. Die Firma item bietet in diesem Bereich eine Vielzahl von Möglichkeiten an.

Ein Nutenstein läuft in eine Profilschiene ein. Durch einen Arretierbolzen verbinden sich die zwei Schlitten, sodass die Hubbewegung übertragen werden kann. Der Arretierbolzen wird durch einen Seilzug von unten gelöst. Beim Entkoppeln der Verbindung stützt sich der Schlitten am Blech des Fahrwagens ab. Somit wird der Patient in seiner Position gehalten und fällt nicht, wie in den ersten Lösungsansätzen herunter.

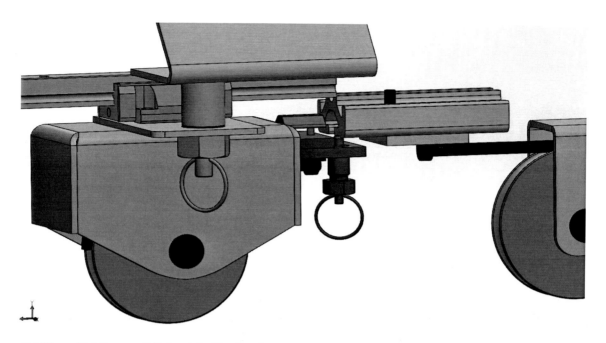

Abbildung 13: Lösung mit Nutenstein (Quelle: eigene Abbildung)

Die einzige Forderung, welche die Konstruktion an die Elektronik stellt, ist die Richtung der ersten Hubbewegung. Diese muss beim ersten Anlauf nach oben für den Patienten oder in der Abbildung 13 nach rechts geschehen. Eine Bewegung des Seils zum Fahrwagen (blau) hat in dieser Methode keine Funktion. Da die elektronische Steuerung ab einem definierten Punkt startet, ist die gestellte Forderung an die Elektronik kein nennenswertes Problem mehr.

Die zweite Methode baut auf der Mechanik des alten Gangtrainers auf. Dort wird auch durch eine Rolle das Zugseil umgelenkt. Die Methodik übernimmt das Schema und lenkt über eine seitlich am Gerüst angebrachte Rolle das Seil um. Es hat somit am Anfangs- und Endpunkt die gleiche Länge, und somit kann die Bewegung für die Gangentlastung übertragen werden.

Nur in der Phase, in der der Patient bewegt wird, können sich Probleme mit dem Zugseil ergeben. Diese Problematik kann eventuell durch einen Schnappmechanismus am Rad gelöst werden. Wenn der Führungswagen sich in seiner Endlage befindet, entriegelt der Mechanismus und das Seil ist wieder frei. Fraglich ist die korrekte technische Umsetzung dieser Methode. Aus diesem Grund wird die Methode von Abbildung 13 favorisiert.

7. Fazit

Für den Gangtrainer I, ein medizinisches Gerät für die Gangrehabilitation, soll ein neues Design erarbeitet werden. Dabei sind die medizinischen Rahmenbedingungen und technischen Vorschriften zu beachten. Aufbauend auf diesem neu erarbeiteten Design werden eine statische Berechnung sowie eine Optimierung hinsichtlich des Gewichtes und der Querschnitte durchgeführt.

Im Ergebnis einer Variantenuntersuchung hinsichtlich eines neuen Designs wird eine Halbrundform als Vorzugsvariante herausgearbeitet.

Das neue Konzept ist um ein Vielfaches ansprechender in seiner Optik und wirkt durch die runden Formen moderner als das alte Gerüst. Durch die bautechnischen Lösungen und Auftrennung des gesamten Modells wird die Herstellung vereinfacht und die zum Zusammensetzen benötigte Personenanzahl halbiert.

Die Vorteile liegen in der modernen Konstruktion, dem geringen Aufwand und der kostengünstigen Herstellung. Somit erfüllt das neue Konzept alle Forderungen nach einem neuen Design für den Gangtrainer II.

Die statische und konstruktive Überprüfung mit CATIA zeigt, dass alle auftretenden maximalen Spannungen im elastischen Bereich des verwendeten Materials liegen.

Zusätzlich zur statischen Auslegung und Optimierung des Gerüstes wird die Funktionalität der Linearführung hergestellt. Sie bietet für Patienten, bei der Beförderung in den Gangtrainer einen höheren Komfort und lässt sich leichter durch das Personal bedienen. Das Erfordernis einer zusätzlichen Seillänge kann durch einen neu entwickelten Kopplungsmechanismus gelöst werden.

Im Ergebnis ist die statische Sicherheit nachgewiesen sowie die konstruktive Machbarkeit gegeben.

Optimierungsmöglichkeiten finden sich bei den Halterohren und dem Abdeckblech des Oberteils. In Weiteren Untersuchungen könnten konstruktive Anbauteile noch weiter verbessert und hinsichtlich ihrer Bauart optimiert werden. Des Weiteren wäre das Einsparungspotenzial bei der Fertigung durch eine Prozessanalyse zu untersuchen.

Literaturverzeichnis

[KK]   Michael Geller, Dirk Feller: *Klöckner Konstruktionshandbuch,2002, ISBN-Nr. 978-3-8027-8200-8*

[KW]   Koehldorfer,Werner: *Finite-Elemente-Methoden mit CATIA V5 / SIMULIA,3. Auflage, 2010, ISBN-Nr. 978-3-4464-2095-3*

[JS]   J. Schlechmbach Fachverlag: *FEM mit CATIA V5, 2. Auflage, 2007, ISBN-Nr. 978-3-935340-57-1*

[HA]   Hans Albert Richard, Manuela Sander: *Technische Mechanik. Statik, 3.Auflage, 2010, ISBN-Nr. 978-3-8348-1036-6*

Anhang

Modell	Kosten	Design	Stabilität	Herstellbarkeit			Bedienbarkeit	Auswertung
				Material	Arbeitszeit	Zusammenbau		
1	1	5	2	1	2	1	1	25
2	2	4	2	2	3	2	1	26
3	2	4	2	2	3	2	1	26
4	2	5	2	2	3	2	1	29
5	3	2	2	3	3	3	2	24
6	3	1	3	2	3	2	3	**22**
7	3	2	1	3	3	3	3	**23**
8	4	1	2	3	4	5	5	28
9	4	1	2	3	4	5	3	26
10	2	2	2	2	3	2	2	**21**
11	3	5	4	3	3	2	2	36
12	3	1	3	3	4	3	2	24
13	5	2	2	4	6	6	5	36

Kriterium

Tabelle 4: Entwurfsbewertung (Quelle: eigene Tabelle)